なぜ？から調べる
ごみと環境

5

海のごみ

監修 森口祐一
東京大学教授

この本を読むみなさんへ

みなさんの中には、何かのきっかけで、ごみについてもっと知りたいと思い、

この本に出会った人もいるかもしれません。

多くのみなさんは、社会科でごみについて学ぶことになり、

この本に出会ったことと思います。

「社会」は、人びとが集まって生活することでつくられます。

毎日の生活でさまざまなものが使われ、やがていらなくなって、ごみになります。

ごみを捨ててしまえば、自分の身の周りはきれいになりますが、

環境をきれいに保つためには、

ごみの行く先でも、さまざまな工夫が必要です。

暮らしやすい社会をつくるためには、

ふだんみなさんの目にはふれないところでどんなことが行われているかを知り、

自分で何かできることがないかを学ぶことが大切です。

ごみは社会の姿を映す鏡のようなものです。

ごみについて学ぶことで、

一人ひとりの生活と社会との関わりに気づくことにもなるでしょう。

第**5**巻

「海のごみ」では、プラスチックなどのごみが海をよごしていることが

世界中で大きな問題となっていることを取り上げます。

便利なプラスチックはさまざまなところで使われていますが、

ごみの収集や処理をきちんと行わないと海に流れ着いてしまいます。

プラスチックは自然の働きでは消えてなくなりにくいため、

長い時間、環境の中に残り、海の生きものに影響をあたえます。

プラスチックの使い方の見直しも含めて、今、

大きく変わりつつある問題なので、本で学ぶことに加えて、

どんな新しいことが起きているか調べてみるとよいでしょう。

森口祐一

東京大学大学院工学系研究科都市工学専攻教授。
国立環境研究所理事。専門は環境システム学・都市
環境工学。主な公職として、日本学術会議連携会
員、中央環境審議会臨時委員、日本LCA学会会長。

⑤ 海のごみ

1章

海にごみが集まるのはなぜ？

2章

海のごみを調査！

3章

私たちにできることを考えよう

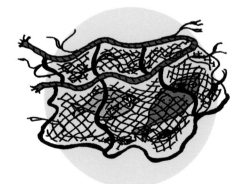

この本の使い方 •

この本に登場するキャラクター

探偵ダン

ごみの山から生まれた探偵。ごみと環境の課題の解決に向けて、日々ごみの調査をしている。

調査員クロ

探偵ダンの助手。ダンが気になった疑問を一生懸命調査してくれる努力家。

調査員トラ

ごみのことにくわしいもの知りのネコ。ダンにいろいろな情報をアドバイスしてくれる。

この本の使い方

1章 ごみにまつわる写真を載せているよ。写真を見ながら、ごみが環境にあたえる影響について考えてみよう。

2章 ごみのゆくえを、イラストで解説しているよ。どんな流れでごみが処理されるのか見てみよう。

3章 ごみについての取り組みや対策を紹介しているよ。実際に行われている取り組みを調べて、環境のために自分たちができることを考えてみよう。

1章

海にごみが
集まるのはなぜ？

海のごみは、環境にどんな影響を
あたえるのかな？
写真を見ながら考えてみよう。

島根県の砂浜に流れ着いたごみ。一見きれいに見える砂浜も、これでは海に遊びに来る人たちが減ってしまう。島根県では、各地で地元の人たちによるごみ拾い運動が行われている。

ぎもん 2

どんなごみが集まってくるの？

海のごみはどこから来るの?

海や砂浜をよごしているごみは、
どこからどうやって流れ着いたのか、考えていこう。

風と海流に乗って流れ着くよ

海岸へ流れ着いたごみの中には、外国で捨てられ、風に乗って運ばれたり、海流に乗って流されたりしてやってきたものがあります。日本へ流れ着くごみは、夏は南東の風がふくために太平洋側に多く、冬は北西の風がふくため日本海側に多く見られます。

また、黒潮や対馬海流という南の方からの海流や、親潮という北の方からの海流に乗って、外国のごみが流れ着くこともあります。

● 日本周辺の海流と風　　　　　　　　　　　　→ 暖流　→ 寒流

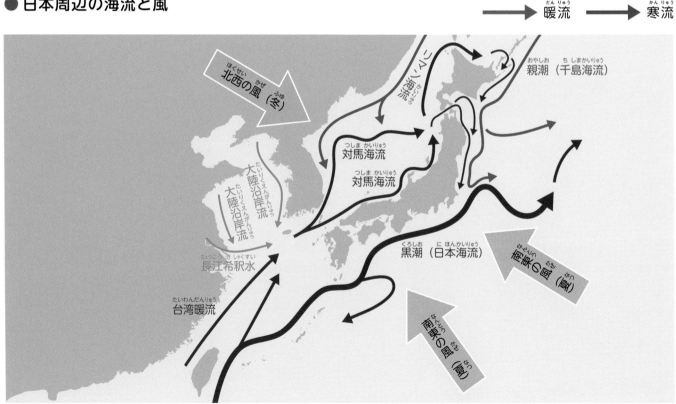

出典　環境省「海洋ごみ教材」

海のごみは海外から来るものだけじゃない！

うっかり捨てたらたいへんだ！

　日本の海をよごしているのは、外国から流れ着いたごみばかりではありません。日本のどこかで捨てられたごみが、風や海流に乗ってたくさん流れ着いている地域もあります。自分はごみを海に捨てたつもりがなくても、海をよごしてしまうことがあるのです。

● 海岸漂着ごみ（ペットボトル）の国別割合

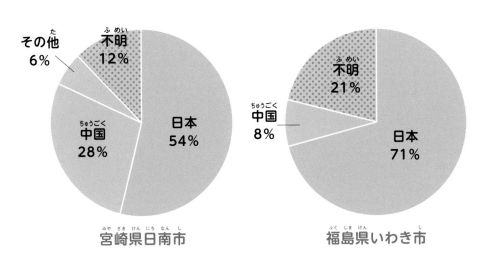

その他
6%

不明
12%

中国
28%

日本
54%

宮崎県日南市

不明
21%

中国
8%

日本
71%

福島県いわき市

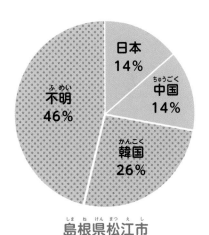

日本
14%

中国
14%

不明
46%

韓国
26%

島根県松江市

環境省「漂着ごみのモニタリング調査
（ペットボトルの言語表記）」（平成30年度）より作成

場所によってもちがうんだよ

ごみが山積みになっている地域も

　途上国では、ごみを回収するサービスが行き届いていない地域もあります。そういう地域では、プラスチックなどのごみが道路や水路に捨てられてしまいます。こうしたごみが、やがて川へたどり着き、さらに海へと流出してしまうのです。

ケニアの水路をふさぐ大量のごみ。　　　　（写真：毎日新聞社／アフロ）

どんなごみが集まってくるの？

海へ流れ着いたごみにはどんなものがあるのか、
くわしく見ていこう。

プラスチック類や金属、木材など さまざまなもの

海のごみには、プラスチックや金属、木材のほか、電化製品やガラスなど、さまざまな種類のものがあります。このようなごみの半分以上が、私たちの生活の中から出ている家庭ごみであることがわかっています。

また、海のごみは、発見される場所によって呼び方がちがいます。いずれの場合も、ペットボトルやプラスチックのトレイ、レジ袋など、プラスチックごみが多いことが問題になっています。

● 海のごみの種類

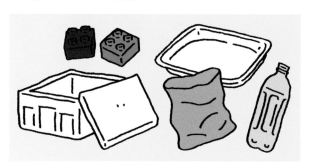

プラスチック類

ゴム類

金属類

木

紙

ガラス・陶器

その他（布・電化製品など）

海のごみは3つに分けられる

海のごみは、発見された場所によって、
「海岸ごみ」「漂流ごみ」「海底ごみ」の3つに分けられます。

● ごみの内訳
香川県の調査実績（2015年）より作成

海岸ごみ

（写真：読売新聞／アフロ）

海岸へ流れ着いたり、海岸に捨てられたりしたごみのことをいいます。ペットボトル、食品袋やレジ袋をはじめとした、生活の中から出るプラスチックごみが多く見られます。

紙 1.0%
ガラス・陶器 2.0%
木 2.1%
その他 1.4%
ゴム 1.6%
金属類 4.9%
プラスチック類 87.0%

漂流ごみ

（写真：毎日新聞社／アフロ）

海の表面や海の中をただよっているごみのことをいいます。海岸ごみと同様にプラスチックごみが多いのですが、ペットボトルよりも食品袋やレジ袋などの割合が多くなっています。

ガラス・陶器 1.1%
紙 2.2%
その他 3.0%
木 3.4%
ゴム 2.5%
金属類 2.8%
プラスチック類 85.0%

海底ごみ

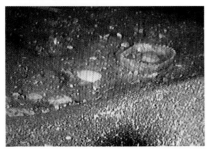

（写真：読売新聞／アフロ）

海の底にしずんでいるごみのことをいいます。この場合、食品袋やレジ袋などの割合がかなり多く、全体の約70パーセントをしめています。

ガラス・陶器 1.9%
紙 0.8%
その他 9.6%
ゴム 1.0%
金属類 2.6%
プラスチック類 84.1%

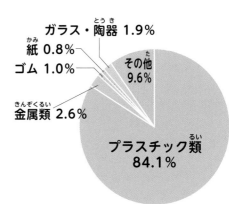

東京都の小笠原諸島近くの海面にうかぶ、プラスチックごみ。東京都心部から1000キロメートル以上はなれた島の海岸にも、ペットボトルやビニール袋、魚をとる網のほか、大型のごみが大量に流れ着いている。

ぎもん
4

海のごみの量は
どのくらいあるの？

（写真：南俊夫／アフロ） **15**

ぎもん3 なぜ海にごみがたまってしまうの？

海にごみがあることで、どんな問題を引き起こしてしまうのかな。
その影響を探っていこう。

分解されずに たまっていってしまうごみが多い

プラスチックごみのほとんどが、自然に分解されることがなく、数百年以上もの間、海に残り続けることがわかっています。

もともと自然界にはなかったプラスチックごみが、海の中にたくさんただよっていることは、海にすむ生きものたちに大きな影響をあたえています。ときには、生きものたちを傷つけたり、命をうばったりしてしまうこともあるのです。

● ごみが完全に分解されるまでの年数

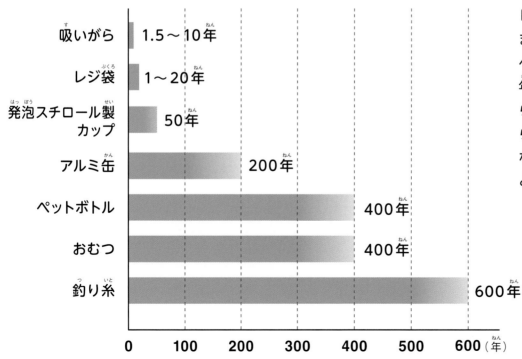

ごみ	年数
吸いがら	1.5～10年
レジ袋	1～20年
発泡スチロール製カップ	50年
アルミ缶	200年
ペットボトル	400年
おむつ	400年
釣り糸	600年

レジ袋が完全に分解されるまでは1～20年、それがペットボトルだと約400年もかかってしまう。これらが残り続けているのだから、ごみを捨てるのをやめなければ、海のごみはどんどん増えていく。

出典 NOAA / Woods Hole Sea Grant

海のごみの量はどのくらいあるの？

海には、分解されずに残ったごみがたまり続けているうえに、
毎年新たなごみが捨てられているんだ。どのくらいの量なんだろう。

毎年800万トンのプラスチックごみが海に流出している!?

世界の海に残っているプラスチックごみは、すでに
1億5000万トンともいわれ、さらに毎年800万トンものプラスチックごみが、新たに海へ流出していると推定されています。

800万トンというと、ジャンボジェット機5万機と同じぐらいの重さです。また、そのうち2〜6万トンのプラスチックごみが、日本から流出したものだと推定されています。

● 800万トンのごみを飛行機の機数に例えると…

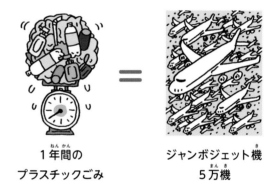

1年間の
プラスチックごみ ＝ ジャンボジェット機
5万機

2050年には魚よりもごみのほうが多くなるかも!?

世界のプラスチック類の生産量は、2014年で3億1100万トン。50年前と比べると20倍以上に急増しており、2050年には11億2400万トンにもなると推測されています。

現在でも少なくとも毎年800万トンのごみが流出するというプラスチック類。生産量が増えれば、ごみの量も増えていき、このままでは2050年には、魚よりもプラスチックごみのほうが多くなってしまうという報告もあります。そうしないためにも、世界中で海のごみを減らす対策に取り組む必要があります。

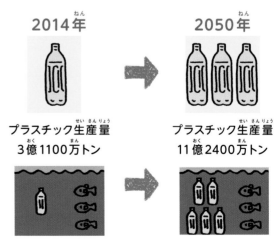

2014年 → 2050年

プラスチック生産量
3億1100万トン → プラスチック生産量
11億2400万トン

プラスチック類の生産量が増えるほど、海のごみも増え、
2050年には魚の数をこえるかもしれない。

ぎもん 5

海にごみが増えたら
何が起こるの？

ごみのういた海で暮らす
生きものたちは
どうなっちゃうの？

西ヨーロッパの海にただよう、ごみの間を泳ぐハンドウイルカ。海岸からはなれた深い海でも、海面にはたくさんのごみがういている。日本の周りだけでなく世界中の海で、同様の問題が起きている。

ぎもん 6

なぜごみが増えたら海の生きものは生きられないの?

海にごみが増えたら何が起こるの?

ごみが増え、海をよごしてしまうと、どんな影響があるのかな?
考えていこう。

環境が破壊され生態系に影響が出る!

自然界のある地域にすむすべての生きものと、それらの生活に関係する環境のことをまとめて「生態系」といいます。

生態系は、さまざまな要素が複雑にからみ合い、絶妙なバランスで成り立っています。ごみによって

海の環境が破壊されると、その地域の生態系のバランスがくずれ、そこにすむ生きものすべてに影響がおよびます。その結果、ある生きものの数が急速に減ってしまうなど、さまざまな問題を引き起こしてしまうのです。

漁業や海運への影響

漂流ごみや海底ごみがたくさんあると、魚をとる網にごみが混じってしまい、漁業に深刻な被害をあたえてしまいます。また、海にごみがたくさんただよっていることが、船の安全な航海をさまたげる場合もあります。

景観や観光などへの影響

海岸ごみがあることによって、本来の海の美しい景観をそこねてしまいます。また、漂流ごみがあると海水浴を楽しむ際のさまたげになります。海がよごれているために、訪れる観光客が減ってしまうこともあります。

20

ぎもん 6 なぜごみが増えたら海の生きものは生きられないの？

ごみの増加によってさまざまなトラブルが起こり、
ときには生きものの命をうばってしまうことがあるよ。

ごみを食べたりけがをしたりしてしまう

カメや海鳥などが捨てられた網などにからまり、けがをしたり、命を落としたりすることがあります。また、海をただようプラスチック類のごみを、えさとまちがえて食べてしまった生きものが、えさを消化できずに死んでしまうこともあります。

生きものへの影響

- ごみをえさとまちがえて食べてしまう
- 魚をとる網やロープが体にからみつく
- 海底がヘドロ化する
- 海底の植物が育たず、水がよごれる
- ゴースト・フィッシング

➡ くわしくは P30 を見てね

● 生きものたちの被害例

漁業用の網が
からまったアザラシ

くちばしにプラスチック
の輪がはまってしまった
海鳥

ビニール袋を
食べようとするイルカ

プラスチック素材は
とてもじょうぶだから
からまると
外れにくいんだ

輪になったロープが体にはまったまま育ち、変形してしまったウミガメ。

（写真：Ardea／アフロ）

海のごみには危険物がいっぱい!

海岸に流れ着いてくる漂着ごみの中には、さわるとけがをしたり、爆発して大けがをしてしまったりするような、危険なものが混じっていることもあります。これらは、日本の海岸に流れ着いたごみです。ビーチで遊んでいるときや、海のごみの活動に参加しているときなどに見つけたら、絶対に素手でさわらないように注意しましょう。

**割れたら
危ないもの**

(写真：ピクスタ)

**注射器などの
医療廃棄物**

(写真：読売新聞／アフロ)

**石油が
固まった
廃油ボール**

**発煙筒
などの
爆発物**

(写真：沖縄県環境部環境整備課)

**中身が
わからない
もの**

(写真：ピクスタ)

このような危ないごみを
見つけたら、
決して近づかずに、
大人の人に知らせて
回収してもらおう

2章

海のごみを調査！

ごみはどのようにして
海に集まるのだろう？
その流れを追ってみよう。

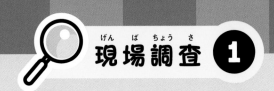
海にごみが集まるまでの流れ

直接海にごみを捨てていなくても、あちこちで捨てられたごみが最終的に
海へ集まってしまうことがあるよ。

川原に捨てられたごみ

海岸に捨てられたごみ

24

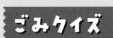
海のごみは、どこから
発生したごみがいちばん
多いでしょう？

➡答えは 27 ページへ

まちから出たごみ

海岸、川原、まちから
風などで飛ばされたご
みが、海に流れ着く

マイクロプラスチックが増えている

マイクロプラスチックが、海の生きものにあたえる影響について考えていこう。

どんなごみが
マイクロプラスチックと
いわれるのかな？

マイクロプラスチックって何？

　プラスチックごみの中でも、大きさが5ミリメートル以下の小さいものをマイクロプラスチックといいます。これらはさらに、一次的マイクロプラスチックと二次的マイクロプラスチックに分類されます。

一次的マイクロプラスチック

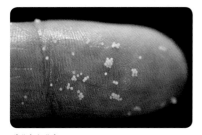

微粒子状のマイクロプラスチックビーズ。

（写真：Blickwinkel ／アフロ）

　プラスチック製品をつくるときには、レジンペレットと呼ばれる米つぶほどの大きさのプラスチックが使われています。また、洗顔料や歯みがき粉などに入っているスクラブ剤には、細かいプラスチックが使われています。これらを一次的マイクロプラスチックといいます。

二次的マイクロプラスチック

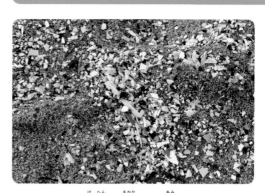

プラスチックの破片や、魚をとる網がほどけたせんいなど、二次的マイクロプラスチックになるごみは無数にある。

（写真：Alamy ／アフロ）

　海に流れ着いたプラスチックごみは、太陽の紫外線を浴び続けると割れやすくなります。さらに、波によってけずられたり、岩や砂に当たってすり減ったりすることで、細かくくだけていきます。こうして小さくなったものを二次的マイクロプラスチックといいます。

二次的マイクロプラスチックのほうが
一次的マイクロプラスチックより
はるかに量が多いよ

マイクロプラスチックが
できるまで

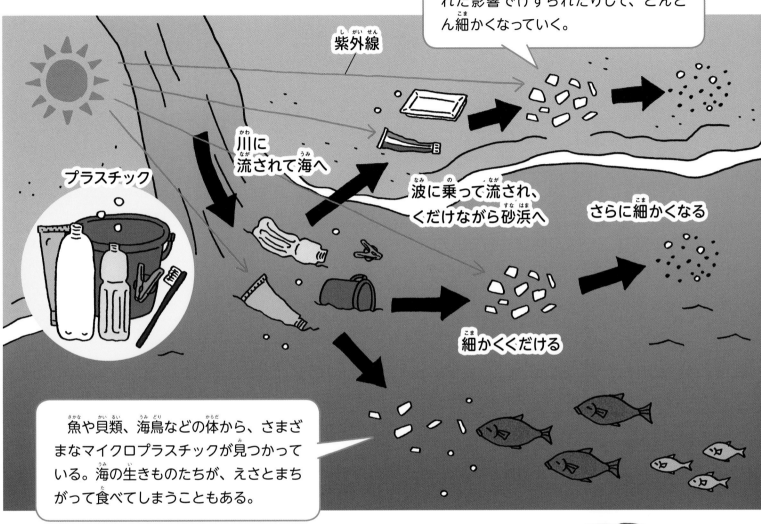

太陽の紫外線を浴びることでもろくなって割れたり、波や岩、砂などにふれた影響でけずられたりして、どんどん細かくなっていく。

紫外線

プラスチック

川に流されて海へ

波に乗って流され、くだけながら砂浜へ

さらに細かくなる

細かくくだける

魚や貝類、海鳥などの体から、さまざまなマイクロプラスチックが見つかっている。海の生きものたちが、えさとまちがって食べてしまうこともある。

プラスチックには、表面に有害な物質がくっつきやすいという特徴があります。そのため、マイクロプラスチックも有害な物質を運んでしまうことがあります。

マイクロプラスチックは、海の生きものたちにさまざまな悪い影響をあたえてしまいます。ところが、マイクロプラスチックはとても小さいため、海に流れてしまうと回収することができません。そのため、海の生きものや人体にどのような影響があるかも、まだわかっていないのです。

こうやってマイクロプラスチックができていくんだね

25ページの
ごみクイズ
答え

海のごみの中で最も多いのが、まちから出たごみ。海のごみの7〜8割がまちから出たごみとされているよ。世界中の海に流れ着くごみの量は、年々増加しているんだ。

27

海へ流れ着いたごみのゆくえ

まちや川で発生し、海へ流れ着いたごみが、
その後どこへ行くのか考えていこう。

地球全体に！？
そんなに大きな問題に
なっているの！？

地球の海全体に広がるごみ

プラスチックごみによる海の汚染は、今や地球上の海全体におよんでいます。その理由は、世界の海にある、海流に関係があります。

下の図を見てみましょう。赤い矢印（暖流）と青い矢印（寒流）は、海流の向きです。ごみは海流に乗って、海を移動します。例えば日本で出たごみは、海流に乗ってアメリカ大陸の方へ移動します。このように、世界各地で海に流れ着いたごみが海流に乗って移動するため、地球上の海全体にごみが広がってしまうのです。

● 世界の海流

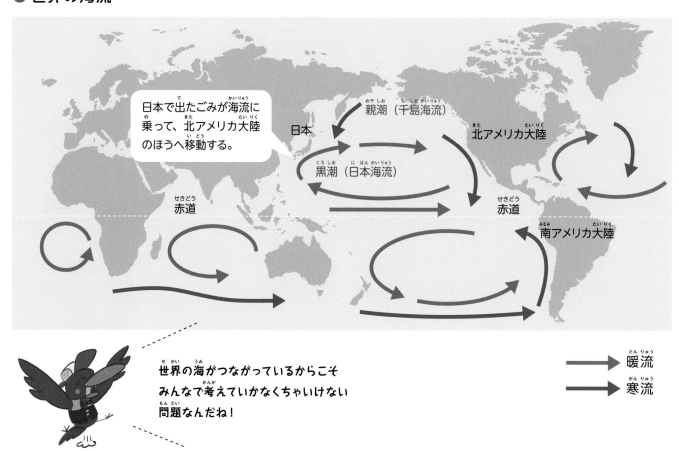

日本で出たごみが海流に
乗って、北アメリカ大陸
のほうへ移動する。

親潮（千島海流）

日本

北アメリカ大陸

黒潮（日本海流）

赤道

赤道

南アメリカ大陸

⟶ 暖流
⟶ 寒流

世界の海がつながっているからこそ
みんなで考えていかなくちゃいけない
問題なんだね！

28

ごみでできたベルトがある

ってホント!?

ごみの島と呼ばれる「太平洋ごみベルト」

海をただよい続ける漂流ごみが、集まりやすい海域があります。カリフォルニアとハワイの間にある北太平洋の一部の海域は「太平洋ごみベルト」と呼ばれ、その面積は約 160 万平方キロメートル（日本の面積の約 4 倍）。ただよ

うごみの総量は、7 万 9000 トンほどだと推定されています。

また、ここに集まるごみのうち 46 パーセントが、化学せんいでできた魚をとる網だということがわかっています。

● ごみが集まっている地域

出典　環境省「海洋ごみ教材」

ごみベルトは南太平洋や、南大西洋、北大西洋、インド洋にもあるよ。

ゴースト・フィッシングで
海の生きものが危険！

漁業に使うプラスチック製の網やかごが海底にしずむと、
長い間海をただよい続けます。
持ち主もいないのに生きものをとらえ続けることから、
ゴースト・フィッシング（幽霊漁業）と呼ばれています。

漁船が網を
流してしまう

漁の最中にあやまって網を流して
しまうことがあります。網は波に運
ばれて、海の中をただよいます。

こんなことが
きっかけなんだ…

網は何年も
海を漂流し続ける

漁業に使う網は、プラスチック製の
じょうぶなものが多いので、回収され
ない限り、海の中に残り続けます。

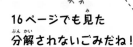

16ページでも見た
分解されないごみだね！

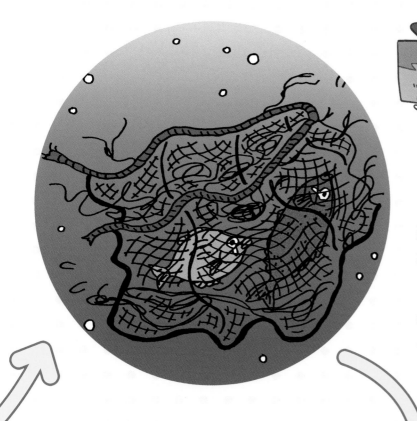

こんなふうに
からまってしまうんだ！

好奇心から生きものが引っかかってしまう

　魚をはじめ、ときにはクジラやサメといった大型の生きものまでが、好奇心から網に近づき、からまってしまいます。

どうしたら
ゴースト・フィッシングを
なくせるのかな？

網からのがれられずそのまま死んでしまう

　一度網などにからまると、簡単にはのがれられません。そのまま動けずに餓死することもあります。また、その死骸をえさにしようとして近寄った生きものが、さらに引っかかってしまうこともあります。

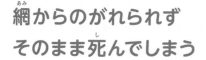

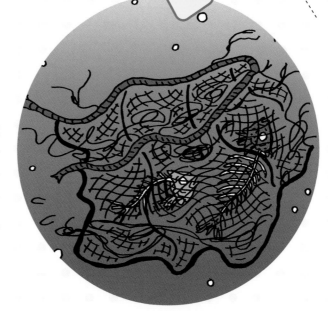

　海のごみの中でも漁具は大きな割合をしめていて、海の生きものの命をうばうゴースト・フィッシングは世界的な課題になっている。こうした状況を解決するために、生分解性素材（40ページ）の漁具の利用が検討されているんだよ。

海に流れる油汚染を STOP!

海をよごすのは、プラスチックなどのごみだけではありません。
船から流出した重油などが海を汚染することもあります。
この場合も、その海域の生態系に大きな影響をあたえてしまいます。

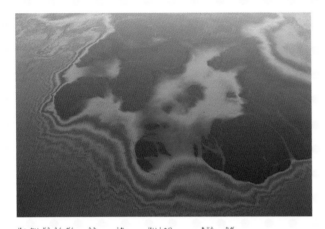

北海道沿岸の海で、船から排出された油が流れているようす。

（写真：田中正秋／アフロ）

全身が油まみれになって死んでしまった海鳥。

（写真：Ardea ／アフロ）

海の油をとるオイルフェンス

オイルフェンスとは、油が海へ流出してしまったとき、それ以上汚染が広がるのをおさえるための囲いです。うき具がついているので水中にしずみません。汚染水域を囲み、油がさらに流出しないようにせき止めてから油を回収します。

兵庫県の海に設置されたオイルフェンス。

（写真：坂本照／アフロ）

海で働く人や消防団員たちは、事故によって船から油がもれ出てしまったときなどのために、オイルフェンスの設置訓練を定期的に行っているよ。荒波などにも対応できるよう、オイルフェンスの開発は今も続けられているんだ。

3章

私たちにできる
ことを考えよう

海の環境を守るために
できることは？
いろいろな取り組みを
調べてみよう。

政府の取り組み

海洋プラスチックごみ対策アクションプラン

日本政府はＳＤＧｓへの取り組みとして、海のプラスチックごみについて
8つの対策と課題に分け、その主な方針の計画を決めたよ。

1 ごみを分別して回収し正しく処理する

ごみの分別回収について、国民に協力してもらい、処理やリサイクルが正しく行われるようにする。発泡スチロールでできた魚箱などをリサイクルできる施設を整える。農業で使われたプラスチック類の回収や、漁具の陸上での回収を進める。港などでは、船の中で出たごみの受け入れをしやすくする。

➡ くわしくは 1巻 2巻 を見てね

2 ポイ捨て、有害物などによる海洋汚染の防止

ポイ捨てについてのきまりをやぶっていないか、きびしく取りしまる。毎年5/30〜6/5ごろの「全国ごみ不法投棄監視ウィーク」を中心に、国や都道府県、市町村などによるパトロールを強化する。ペットボトルを100パーセント有効利用するために、自動販売機の横に専用のリサイクルボックスを置く取り組みを支える。漁業者に、漁具の管理をしっかり確認してもらう。

➡ くわしくはP38、39を見てね

3 まち中、海岸、河川のごみの回収

住民や企業などが協力して、まち中、河川、海浜などの清掃をする取り組みをさらに広げる。河川の管理者、各都道府県や市町村、住民が協力し合って清掃活動やごみの回収に取り組む。新たに開始する「海ごみゼロウィーク」（5/30〜6/8ごろ）では、青色のアイテムを身に付けて清掃する取り組みを全国で開始する。

➡ くわしくはP36を見てね

4 海に流出したごみの回収

法律に基づく事業として、各都道府県や市町村が、海岸に流れ着いたごみの回収や処理を行う。漁業者による海洋ごみなどの回収や処理を、国の事業として支える。海洋環境整備船が、一部の海域にある海面にういている漂流ごみを回収する。港や湾の管理者が、担当区域内の海にういている漂流ごみを回収する。

➡ くわしくはP45を見てね

こんなに対策が
考えられているんだね！

用語解説

SDGs

2015の国連サミットで採択された、17の持続可能な開発目標。世界共通で取り組んでいる。その14番目に「海の豊かさを守ろう」がある。

5 環境に優しい素材の開発と活用

微生物によって分解され、環境に悪い影響をあたえない海洋生分解性プラスチックの開発について、政府と民間の企業が協力して取り組む。漁具などをふくめたプラスチック製品を、生分解性プラスチックや紙などの素材のものにかえていこうとする人たちを支える。プラスチックを製造したり利用したりしている企業の取り組みを進める。

⇨ くわしくはP40、41を見てね

6 ごみを減らす活動を協力して行う

海洋ごみの発生を防ぐための取り組みをうながす「プラスチック・スマート」キャンペーンを広げる。「海ごみゼロアワード」という賞をもうけて良い取り組みを表彰したり、「海ごみゼロ国際シンポジウム」を開いて情報を発信したりする。全国民がみなで協力し合い、ごみを減らす活動に取り組める体制を整え、改善や強化をしていく。

⇨ くわしくはP44を見てね

7 途上国のごみの対策を進める

途上国が、ごみについての法律を整えたり、ごみの処理の仕方や制度を学んだり、海洋ごみについての国の行動を計画したりすることに対して、さまざまな方法で支える。ＡＳＥＡＮ諸国への支援のほか、東南アジア地域で海洋プラスチックごみへの対応ができる人を育てる。

8 実態をつかむための調査

日本国内での海洋プラスチックごみの排出量やごみが出た場所などを調査するだけでなく、漂着物や浮遊プラスチック類などの調査も行う。また、マイクロプラスチックをふくむ、海洋プラスチックごみが人や生きもの、地球の自然環境にどのような影響をおよぼすかについても調査する。

ごみを拾う

川岸や海岸でごみ拾いをしよう！

国や自治体に関連する団体やＮＰＯ団体などが、川や海の周辺のごみを拾うイベントを行っているよ。ここでは、２つの団体のイベントの例を紹介！

荒川クリーンエイド・フォーラム
「調べるごみ拾い」

荒川クリーンエイド・フォーラムは、東京都の荒川付近で活動しているＮＰＯ法人です。ごみを拾うだけでなく、ごみの種類や数を調べながら行う活動は、参加者に気づきをもたらし、ごみの発生をおさえることにつながると考えています。

● 荒川クリーンエイドのイベントの参加方法

❶ 参加したい活動を探して申しこむ

ホームページを見て、募集している活動の内容をよく確認してから申しこみましょう。

❷ 持ちものを準備する

けがを防止するため、服装は必ず長そで、長ズボンで。長ぐつがあるとより安全です。ごみをつかむトングや軍手もあると便利。飲みものも忘れずに。

❸ 集合時間に会場へ行く

初めて参加するときは、会場の場所を前もって確認しておき、集合時間よりも少し早めに着くように出発しましょう。

❹ ごみ調査カードに拾ったごみを記入

拾ったごみについて、カードに記入していきます。拾ったごみからどんなことがわかるか、よく考えてみましょう。

海さくら「日本一楽しいごみ拾い」

　海さくらは、神奈川県藤沢市江の島で活動しているNPO法人です。「日本一楽しいごみ拾い」を目指し、体験や体感を大事にした「楽しめる」ビーチクリーン活動を行っています。

楽しいイベントがいっぱいあるね！ぼくも参加してみた〜い！

●さまざまなイベント

ブルーサンタイベント

　毎年海の日に、青いサンタクロースの衣装を着てごみ拾いをするイベントです。普段着の青い服でも参加できます。

どすこいビーチクリーン

　現役の力士を招待し、みんなでビーチのごみ拾いをした後、土俵をつくって相撲を楽しむイベントです。

タツノオトシゴアートをつくろう

　かつて江の島に生息していたタツノオトシゴが戻ってくることを願い、拾ってきたプラスチックごみでタツノオトシゴアートをつくるイベントです。

スポーツチームとのごみ拾い

　プロのサッカーチームの選手たちといっしょにビーチのごみ拾いをした後、サッカーを通して交流できるイベントです。

ごみを捨てない①

まち中でのポイ捨てをやめよう

飲み終わった空き缶やペットボトルなど、外出時に出たごみを
その場に置きっぱなしにしたり、道ばたに捨てたりしていないかな?

ポイ捨て禁止の条例を 定めている地域もあります

　自治体によっては、ポイ捨てを条例できびしく取りしまっているところがあります。例えば千葉県千葉市では、屋外の公共の場で空き缶などのポイ捨てをすると、2000円の過料となります。

ポイ捨てを取りしまっている地区の看板(神奈川県)。

(写真:金田啓司／アフロ)

● 身近なポイ捨ての例

空き缶や紙くず

ペットボトル

プラスチック容器

たばこの吸いがら

用語解説

ポイ捨て

外出時に出たごみを、ごみ箱などの所定の場所以外のところに捨てること。路上や公共の場に、使い終わった不用品を置きっぱなしすること。

取り組み
調査報告
ファイル
④

ごみを捨てない②

遊びに行った先でごみを捨てない

外で遊んだときに出たごみを、きちんと持ち帰っているかな？
一人ひとりが気をつければ、ごみをなくせるはずだよ。

お花見で

お花見で使った紙皿や紙コップ、
食品が入っていた容器や、ペットボトルなどは、
ごみ袋に入れて持ち帰りましょう。

海水浴で

海水浴場のポイ捨てで最も多いのがペットボトルです。
食品の容器なども、必ず持ち帰りましょう。

キャンプで

バーベキューなどを楽しんだ後のキャンプ場のごみは、
食品や飲料容器などがほとんど。
テントがそのまま捨てられていることもあります。

みんなで楽しむために
一人ひとりが協力しよう

自分たちくらいいいだろうと思ってごみを捨
てると、後からやって来た人たちが、ここには
ごみを捨ててもいいんだと感じてしまいます。
実際、きれいな場所にはごみを捨てにくいはず
です。美しい景色やおいしい空気を楽しむため
にも、みんなで協力し合いましょう。

遊びに行った場所が
ごみだらけだったら
どんな気持ちになるか
考えてみよう

39

ごみを減らす①

土で分解される素材を使おう

プラスチック製品ではなく、土にかえる素材を使ったものを
開発している企業があるよ。

ファイン「土にかえる歯ブラシ」

　竹の歯ブラシの持ち手の部分は、生分解性素材と国産の竹の粉からつくられています。ブラシ部分にもぶたの毛を使っているので、燃やしても二酸化炭素の発生量が少なく、土にうめれば微生物によって分解されるという、環境に優しい歯ブラシです。

● 生分解性素材とは

使用後は微生物によって最終的に水と二酸化炭素に分解され、自然にかえる素材のことです。

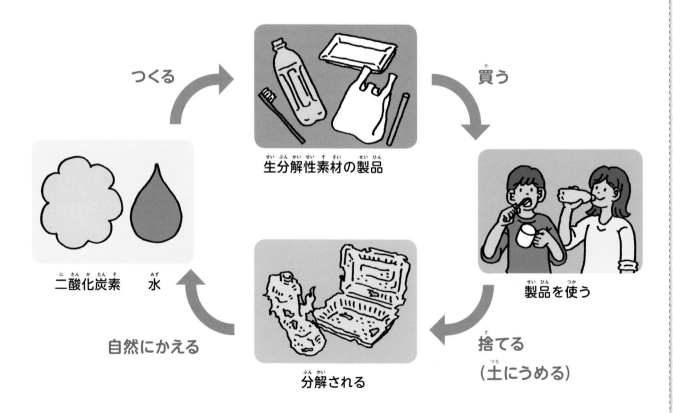

つくる

生分解性素材の製品

買う

製品を使う

捨てる
（土にうめる）

分解される

自然にかえる

二酸化炭素　　水

ごみを減らす②

プラスチックを使わない製品を使おう

これまではプラスチック製のものを使うのが当たり前だった
製品やパッケージを、くり返し使えるようにしたり、
紙製のものに変えたりする企業があるよ。

CASIO

「環境に配慮したラベルライター」

使い捨てだったプラスチック製のカートリッジを
やめ、くり返し使える専用のアダプターという部分
に、つめかえ用のテープ部分をセットする方式に変
更しました。使用後に捨てるのは、紙でできた芯の
部分だけなので、プラスチックごみを減らすことが
できます。

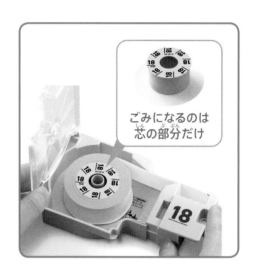

ごみになるのは
芯の部分だけ

ネスレにっぽん「紙パッケージ『キットカット』」

※2019年当時の製品パッケージです。

海洋プラスチックごみの課題に向け、これまでプ
ラスチック製だった外袋を紙製のパッケージへ変更
しました。こうすることで、年間約450トンもの
プラスチックごみを減らすことができると予想して
います。

450トンも!?
大型トラック
18～23台分の重さだね!

ごみを減らす③

マイボトルを持ち歩こう

一人ひとりがマイボトルを持ち給水することで、海洋ごみなどの環境の負担になってしまうペットボトルのごみを減らすこともできるよ。

無料給水アプリ
「mymizu」

　このアプリをスマートフォンに入れると、世界各地の約20万か所にある給水スポットを見つけて、マイボトルに無料で水を補給することができます。外出中に気軽に水を補給することができるため、ペットボトルの水を新たに買わなくてもよくなり、飲み終わった後のポイ捨ての減少、美しい海と生態系の保護にもつながります。

東京都内にある
給水スポット。

給水スポットが
アプリでわかる。

ごみを減らす④

つめかえボトルを使おう

プラスチック製の容器を使った洗剤などは、
つめかえ用の商品を買って、ボトルを再利用することができます。

シャンプーやリンスはつめかえボトルで再利用

　プラスチック製であることが多いシャンプーやリンスの容器。同じ商品を使い続ける場合は、つめかえ用を買って、ボトルは再利用するようにしましょう。一人ひとりが取り組むことで、プラスチックのごみを大幅に減らすことができます。

ごみをリサイクルする

海洋廃棄物をリサイクルしよう

海に捨てられたごみをリサイクルして、
新たな可能性を引き出している企業もあるよ。

三井物産アイ・ファッション
「CLOTH APP GREEN」

生地ブランド「CLOTH APP GREEN」を立ち上げ、環境への影響が少ない生地を使った衣料品の開発に取り組んでいます。漁師さんたちが回収したプラスチックごみや、使わなくなった魚をとるための網などを資源としてリサイクルした生地もつくっています。

洋服の生地にプラスチックごみが使用されていることが買う人にも伝わるよう、洋服に下げ札を付けている。

● リサイクルのしくみ

プラスチックごみを拾う

ビーチクリーンプロジェクトなどで、海岸や海にうかぶプラスチックごみを拾います。

プラスチックごみを洗う

プラスチックごみを糸にする

工場でチップ状（細かいつぶ）に加工して、糸をつくります。

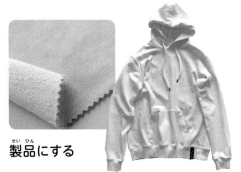

製品にする

みんなで取り組む

活動の輪を広げよう！

みんなで協力してプラスチックごみを減らすためには、
みんなが行っている活動を発信し合い、協力の輪を広げることも大事だよ。

「プラスチック・スマート」
キャンペーン

　環境省では、世界的な問題となっている海洋プラスチックごみについて、個人をはじめ、自治体、NGOや企業、研究機関など、さまざまな立場の人々が連携して取り組めるよう支援するため、「プラスチック・スマート」というキャンペーンを立ち上げました。

「プラスチック・スマート」のロゴマーク。キャンペーンに賛同し、取り組んでいる団体や個人が、PRに使うために使用できる。

このマークがあれば
キャンペーンに
取り組んでいるってことが、
ひと目でわかるんだね！

●キャンペーンのしくみ

個人
ごみ拾い活動への参加や、マイバッグの活用、プラスチックの有効利用など

参加 →

企業・NGO・自治体
まちのごみや漂着ごみの回収、環境に優しい製品の開発、ごみを出さないための運動など

参加 →

「プラスチック・スマート」キャンペーン

さまざまなメディアで発信 →

世界経済フォーラム

世界循環経済フォーラム

特設キャンペーンサイト

SNS
（#プラスチック・スマート）

「プラスチック・スマート」フォーラム

オーストラリアで発明された！
世界を救う
海のごみ回収機

2017年から導入が始まった、海のごみを回収する装置。使いやすくて管理もしやすいため、世界各国で導入され始めているよ。

海洋プラスチック
ごみ回収機「シービン」

シービンとは、海洋プラスチックごみを回収できる装置のことです。浮遊ごみの回収だけでなく、2ミリメートル以上の大きさであればマイクロプラスチックも回収することができます。さらに、海面をおおう油などの汚染物質を取り去ることも可能なので、注目が集まっています。

シービンのしくみ

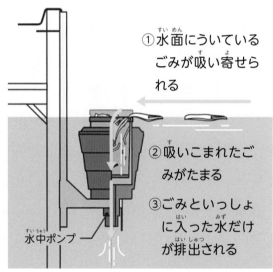

① 水面にういているごみが吸い寄せられる

② 吸いこまれたごみがたまる

③ ごみといっしょに入った水だけが排出される

水中ポンプ

（図：株式会社 平泉洋行）

試運転では、10日で12キログラムものごみを集めたというごみ回収装置「シービン」。

（写真：神奈川県砂防海岸課）

日本初シービンの導入！
神奈川県藤沢市江の島

マイクロプラスチック問題に取り組んできた神奈川県は、江の島の湘南港でシービンの試運転を行いました。その結果、回収したごみの中に多数のマイクロプラスチックを発見。確かな効果が実証されたため、国内で初めてシービンを導入しています。

NDC 518
なぜ？から調べる ごみと環境 全5巻
 ⑤ 海のごみ
監修 森口祐一

学研プラス 2021 48P 29cm
ISBN978-4-05-501348-2 C8351

監修 森口祐一（もりぐちゆういち）

東京大学大学院工学系研究科都市工学専攻教授。国立環境研究所理事。
専門は環境システム学・都市環境工学。京都大学工学部衛生工学科卒業、
1982年国立公害研究所総合解析部研究員。国立環境研究所社会環境シス
テム研究領域資源管理研究室長、国立環境研究所循環型社会形成推進・廃
棄物研究センター長を経て、現職。主な公職として、日本学術会議連携会員、
中央環境審議会臨時委員、日本LCA学会会長。

イラスト／セキサトコ
キャラクターイラスト／イケウチリリー
図版／有限会社ケイデザイン
原稿執筆／高橋みか
装丁・本文デザイン／齋藤彩子
編集協力／株式会社スリーシーズン（藤門杏子）
校正／小西奈津子　鈴木進吾　松永もうこ
DTP／株式会社明昌堂

協力・写真提供・図版提供／アフロ、一般社団法人Social Innovation Japan
(mymizu)、NPO法人 海さくら、沖縄県環境部環境整備課、カシオ計算機、神
奈川県砂防海岸課、株式会社 平泉洋行、ネスレ日本株式会社、ファイン株式会
社、ピクスタ、三井物産アイ・ファッション株式会社

★本書の表紙と見返しは、環境にやさしい竹パルプの紙を使用しています。

なぜ？から調べる ごみと環境 全5巻
 ⑤ 海のごみ

2021年 2 月23日　第 1 刷発行
2022年10月 4 日　第 2 刷発行

発行人　　代田雪絵
編集人　　吉野敏弘
企画編集　澄田典子　冨山由夏
発行所　　株式会社　学研プラス
　　　　　〒141-8415　東京都品川区西五反田 2 -11- 8
印刷所　　凸版印刷株式会社

◎この本に関する各種お問い合わせ先

本の内容については、下記サイトのお問い合わせフォームよりお願いします。
https://gakken-plus.co.jp/contact/
在庫については ☎ 03-6431-1197（販売部）
不良品（落丁、乱丁）については ☎ 0570-000577
学研業務センター 〒354-0045 埼玉県入間郡三芳町上富 279-1
上記以外のお問い合わせは Tel 0570-056-710（学研グループ総合案内）
© Gakken

学研の書籍・雑誌についての新刊情報・詳細情報は、下記をご覧ください。
学研出版サイト　https://hon.gakken.jp/
学研の調べ学習お役立ちネット　図書館行こ！
https://go-toshokan.gakken.jp

特別堅牢製本図書